Hericart de Th...

Rapport sur le percement des
mares..., puits perdus ou bât...
artificiels, fait à l'aide de la
Sonde

RAPPORT

FAIT

À LA SOCIÉTÉ ROYALE ET CENTRALE D'AGRICULTURE,

ET MÉDAILLE D'OR, A L'EFFIGIE D'OLIVIER DE SERRES,
DÉCERNÉE A M. MULLOT,

Ingénieur civil et mécanicien, à Épinay-Saint-Denis (Seine);

POUR

LE PERCEMENT DES PUISARDS, PUITS PERDUS OU BOIT-TOUT ARTIFICIELS FAITS A L'AIDE DE LA SONDE,

A Villetanneuse et à Bondy;

PAR M. LE Vte HÉRICART DE THURY.

(Séance du 6 avril 1834.)

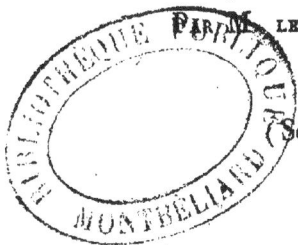

———

PARIS,

IMPRIMERIE DE Mme HUZARD (née VALLAT LA CHAPELLE),
RUE DE L'ÉPERON-SAINT-ANDRÉ-DES-ARTS, N° 7.

1834.

(Extrait des *Mémoires de la Société d'Agriculture,*
Année 1834.)

RAPPORT

Fait à la Société royale et centrale d'agriculture, et Médaille d'or, à l'effigie d'Olivier de Serres, décernée à M. MULLOT, *ingénieur civil et mécanicien, à Épinay-Saint-Denis (Seine); pour le percement des puisards, puits perdus ou boit-tout artificiels faits à l'aide de la sonde, à Villetanneuse et à Bondy.* - M. le vicomte HÉRICART DE THURY, *rapporteur.*

MESSIEURS,

J'ai souvent eu l'honneur de vous entretenir du succès des puits forés, au moyen desquels on obtient, de toutes profondeurs, des eaux jaillissantes pures et limpides.

Tout récemment je vous ai fait part d'un phénomène aussi curieux qu'intéressant qu'un de ces puits a présenté, dans le dégagement considérable de gaz hydrogène sulfuréo-carboné, phénomène que nous avions déjà plusieurs fois observé dans les puits forés des environs de Paris, dans les terrains lacustres; je vous demande aujourd'hui, Messieurs, la permission de vous soumettre un résultat nouveau obtenu d'un forage, résultat dont les conséquences peuvent avoir une haute importance pour la salubrité publique et nos manufactures, des puisards faits par des sondeurs habiles, donnant le moyen de perdre, à de grandes profondeurs, dans des terrains perméables, les eaux mères, fétides et infectes des usines et des fabriques, sans aucunement nuire aux nappes d'eau supérieures qui alimentent les puits ordinaires ou les puits forés jaillissans.

Déjà j'avais, à cet égard, indiqué l'usage de la sonde, pour faire des boit-tout ou puisards artificiels. Dans le programme que j'ai rédigé à la demande de la Société royale et centrale d'agriculture pour le desséchement des terrains argileux sujets à être inondés, j'ai même cité de grands succès obtenus en divers pays, par ce moyen, depuis long-temps en usage dans les mines, soit pour se mettre à l'abri des accidens que pourraient occasioner des eaux amassées dans de vieux travaux abandonnés, soit pour introduire de l'air frais et pur dans les ateliers dont l'air est stagnant ou vicié. Enfin, et en citant ces exemples, j'avais demandé au gouvernement d'en faire lui-même l'essai, en faisant forer, de distance en distance, des puisards avec la sonde du fontainier, dans les faubourgs et aux environs de Paris, partout là où des dépressions, des déclivités ou des enfoncemens de terrains occasionent, sur la voie publique, ces grandes flaques d'eau pluviale, ou ces amas d'eaux de buanderies et de fabriques, infectes, incommodes ou même insalubres, dont nous pourrions signaler tant d'exemples aux portes de cette ville, et que l'on pourrait cependant perdre à peu de frais sous terre, ces puits ou puisards devant les déverser, au dessous des nappes d'eau de nos argiles plastiques, dans les grands bancs de sable et de graviers, ou dans la grande masse de craie qui constitue tout le fond du sol du bassin de Paris.

En effet, la masse de craie sèche et aride, fissurée, fendillée dans sa partie supérieure, et quelquefois caverneuse dans sa partie moyenne, offre dans son épaisseur, de plus de 300 mètres, un filtre ou terrain perméable dans lequel se perdront, sans aucun inconvénient, toutes les eaux nuisibles, corrompues et infectes, alcalines ou acides des ateliers, des usines et manufactures de nos faubourgs.

Consulté par diverses autorités sur les inconvéniens qui pourraient résulter de ces puisards pour les nappes d'eau qui alimentent nos puits ordinaires ou les puits forés jaillissans, j'ai répondu de manière à ne laisser aucun doute, ni aucun motif de crainte sur l'usage de ces puisards, si, comme je le recommande, ils sont percés au dessous de nos terrains argileux aquifères, et surtout si leur tubage est fait par d'habiles sondeurs, de manière à ne laisser aucune communication entre les nappes d'eau souterraines et celles que l'on veut perdre; d'ailleurs, quelque abondantes que soient les eaux à perdre, elles sont toujours dans de si faibles proportions en comparaison de celles des puits forés, qui peuvent fournir de 200 à 300,000 litres d'eau par vingt-quatre heures chacun, qu'il n'y aurait encore aucun inconvénient, dans la supposition qu'il s'y établirait quelques infiltrations par suite d'un tubage qui n'aurait pas été fait avec toutes les précautions que l'on peut et doit prendre, ou que l'autorité pourra exiger, en autorisant l'établisssement de ces puisards.

Je passe au nouveau résultat obtenu des puits forés à la sonde, pour servir de puisards, que j'ai cru devoir faire précéder de ces considérations, afin de prévenir les objections ou de rassurer sur les craintes qui pourraient être manifestées sur leur usage.

Une première tentative, faite par M. *Mullot*, sur la place aux Gueldres, de la ville de Saint-Denis, lui donna la certitude du succès qu'il obtiendrait à cet égard en prenant toutefois les précautions convenables.

Dans le percement du puits artésien de la place aux Gueldres, cet habile mécanicien disposa les tuyaux de chaque nappe d'eau jaillissante à leur hauteur respective, dans un grand tube qui fut descendu, jusqu'au fond du puisard, sur le terrain perméable; et c'est dans ce tube que se précipitent les eaux élevées au jour, lorsqu'en hiver on ne veut pas les laisser couler à la surface de la terre.

Le succès de ce tube d'absorption fut complet; et bientôt M. *Mullot* fut à même d'en faire une utile application.

La féculerie de Villetanneuse, appartenant à M. *Ruelle*, fut interdite en 1831 par arrêté de M. le préfet de police, en suite des réclamations élevées par les habitans de cette commune, au sujet des eaux fétides qui s'écoulaient de ses ateliers.

M. *Mullot*, ingénieur-mécanicien à Épinay, fut appelé par M. *Ruelle* pour examiner le degré de possibilité de perdre dans la terre les eaux mères de sa féculerie. Il prit l'engagement de les déverser et absorber souterrainement sans nuire au puits de cet établissement, ni a ceux qui en sont voisins, et dont la profondeur varie de 12 à 14 mètres.

Pour remplir les intentions de M. *Ruelle*,

M. *Mullot* établit son forage à o^m,5o de diamètre jusqu'à la profondeur de 16^m,25. Il descendit alors un tube de fer laminé de o^m,27 de diamètre, qui fut parfaitement joint avec les parois du trou, de manière à arrêter et à empêcher toute communication des eaux déjà rencontrées qui alimentaient le puits de la féculerie et les puits voisins.

Après le placement de ce tube, on continua à percer les couches de grès et de sable. Ces sables avaient 13^m,96 d'épaisseur ; ils exigèrent, à raison de leur fluidité, le placement d'un second tube de o^m,22.

Au dessous des sables, la sonde traversa le calcaire siliceux, les marnes et les gypses, puis les marnes et le calcaire grossier marin, enfin le calcaire chlorité dans lequel le sondage fut arrêté à 64^m,6o ou 199 pieds de profondeur.

Cette opération a obtenu un plein succès, et la condition imposée a été parfaitement rem. plie.

En effet, depuis bientôt un an que ce percement est terminé (le 1er septembre 1832), ce puisard absorbe toutes les eaux de la féculerie, évaluées à 80,000 litres par jour, sans que le puits de cet établissement, ni les puits voisins en aient éprouvé aucune altération quelconque.

Deux fois on a descendu une tarière fermée
au fond de ce puisard, pour reconnaître l'état
du dépôt qui pouvait s'y être formé, M. *Ruelle*
ayant appris qu'à son insu et malgré ses défenses,
des ouvriers y avaient jeté beaucoup de débris
et résidus de pommes de terre en suspension
dans l'eau ; mais la tarière n'a chaque fois rap-
porté que du sable pur gris verdâtre du calcaire chlorité.

Dans le percement de ce puisard, M. *Mullot*
avait reconnu, à 16^m,25 de profondeur, et à
2 mètres environ au dessous de la nappe d'eau
d'infiltration qui alimente les puits de Villetanneuse, un courant souterrain qu'il présumait
pouvoir donner une source jaillissante, il pro-
posa à M. *Ruelle* de faire un puits foré à cette
profondeur.

M. *Ruelle*, désirant être utile aux habitans
de Villetanneuse, qui étaient privés d'eau pota-
ble, et n'avaient que celle de leurs puits, dure
et séléniteuse, accepta la proposition de M. *Mul-*
lot, qui fit de suite le percement, et donna, pour
la somme de 300 fr., compris la fourniture des
tubes, un pouce de fontainier ou 20,000 litres par
vingt-quatre heures à 0^m,33 au dessus du sol.

Les habitans de Villetanneuse ont depuis re-
noncé à l'eau de leurs anciens puits pour leur

usage et celui de leur ménage ; ils ne se servent
plus aujourd'hui que de l'eau de ce puits foré,
qui, établi dans le voisinage du puisard de la
féculerie, n'en a éprouvé aucune influence,
quelle qu'ait été la quantité d'eau absorbée
journellement par ce puisard depuis la reprise
des travaux de cet établissement.

Un tel succès ne pouvait rester long-temps
ignoré. Aux environs de la capitale, il devait
promptement se trouver des occasions d'en
faire d'autres applications. Il s'en est bientôt,
en effet, présenté une dont le succès me paraît
ne devoir laisser aucun doute sur celui que
l'on pourra désormais obtenir des puisards forés
à l'aide de la sonde, pour perdre toutes les eaux
fétides, alcalines ou acides des fabriques et manufactures, si nombreuses autour des grandes
villes.

Par suite des réclamations élevées au sujet de
l'infection des puits des faubourgs nord et nord-
est de Paris, l'autorité municipale ordonna, en
1831, le déplacement de la voirie de Montfau-
con, et son transfert dans la forêt de Bondy.
Plusieurs avantages y motivaient le placement de la nouvelle voirie ; ainsi l'éloigne-
ment de toute habitation, la facilité des trans-
ports par le canal de l'Ourcq, un vaste empla-

cement entouré de bois d'une végétation active,
qui devaient absorber une partie des gaz, etc.,
étaient certainement des motifs puissans pour
déterminer l'établissement de la nouvelle voirie
dans cette forêt; mais bientôt de graves inconvéniens prouvèrent que l'on n'avait pas préala-
blement bien étudié la nature du terrain, con-
sidération essentielle qu'on ne devrait jamais
perdre de vue, surtout lorsqu'il s'agit d'un établissement public, et plus particulièrement encore de l'espèce dont il s'agit.

En effet, le terrain argileux et humide de la
forêt de Bondy, loin de permettre l'infiltration
des eaux *vannes* de la nouvelle voirie, devait, au
contraire, s'opposer à toute absorption. Aussi
fut-on obligé d'ouvrir des rigoles pour aller
déverser ces eaux dans les ruisseaux voisins.
Mais des plaintes s'élevèrent aussitôt sur l'abus,
les inconvéniens et le danger de l'écoulement
des eaux des bassins de la nouvelle voirie dans
le ruisseau du Crou, qui, après avoir arrosé
la plaine du nord de Paris, va se jeter dans la
Seine au dessus de la ville de Saint-Denis. Les
propriétaires, qui n'avaient jamais supporté une
telle servitude, se hâtèrent de réclamer. Les
fabricans, les manufacturiers, les blanchisseuses,
et une foule d'autres industriels intéressés à

conserver les eaux de leurs ruisseaux sans altération, élevèrent également des réclamations,
et la nouvelle voirie, alors réduite à la seule
influence de l'évaporation spontanée, se trouva
frappée d'une sorte d'interdiction.

Dans cet état de choses, l'entrepreneur,
M. *Valentin*, apprit le succès du puisard de la
féculerie de Villetanneuse. Il s'empressa d'appe-
ler à son secours M. *Mullot*. La difficulté était
grande; il ne s'agissait pas moins que de perdre
tous les jours sous terre de 100 à 150 mètres
cubes d'eaux vannes, et souvent même au delà,
dans les saisons pluvieuses et dans les dégels.
Cependant cette difficulté n'arrêta point M. *Mullot*. Éclairé par les sondages qu'il avait déjà
faits dans les environs, il déclara que, pour perdre une aussi grande quantité d'eau sans porter
de préjudice aux puits du pays, il serait obligé de
percer au dessous de tous les bancs aquifères de
l'argile plastique et des lignites, dans les sables
et les graviers qui séparent cette formation de
celle de la craie, conséquemment à une profondeur qu'il ne pouvait préciser, mais qu'il es-
timait de 70 à 80 mètres, d'après les forages
faits à Saint-Denis, Villetanneuse et Vincennes.

M. *Valentin* s'étant décidé, sur l'assurance
donnée par M. *Mullot*, celui-ci entreprit de

suite son forage. Il fut commencé sur 0^m,40 de diamètre.

Après avoir traversé la terre végétale et les dépôts diluviens, les sables, les argiles et les marnes lacustres, la sonde atteignit, à 23 mètres, la formation gypseuse, composée de marnes, de gypse grossier, de marnes plus ou moins gypseuses, de gypse cristallin, enfin d'une couche d'un très bel albâtre gypseux transparent, jusqu'à la profondeur de 34^m,91.

Alors elle pénétra dans les marnes noires fétides et hydrosulfureuses, avec débris de végétaux carbonisés, qui séparent les gypses des marnes et calcaires siliceux du recouvrement du calcaire grossier marin.

A 48^m,33 la sonde entra dans le calcaire, et rencontra les premiers bancs chlorités à 58,09; la glauconie et les sables chlorités cessèrent à 64^m,86, après avoir présenté tantôt des plaquettes dures, grenues et verdâtres, tantôt des argiles vertes, sablonneuses, et souvent des sables verts très fluides.

Enfin, à la profondeur de 65^m,51, on reconnut un banc de sable de rivière à cailloux anguleux mêlé de silex blanc et gris ; ensuite un sable gris à fragmens de coquilles, puis une couche de lignites de 6^m,60 d'épaisseur, et au dessous un sable noir argileux, dans lequel la sonde pénétra de $1^m,30$.

La profondeur totale du forage était de $74^m,71$ ou 230 pieds; et M. *Mullot* avait estimé qu'il traverserait les lignites de 70 à 80 mètres. Il était difficile d'être plus exact dans son évaluation, ses sondages les plus voisins étant ceux de Saint-Denis, Villetanneuse et Vincennes, et n'ayant aucun autre point de comparaison plus rapproché.

Le tubage de ce puits a été fait au moyen de cinq tubes concentriques placés les uns dans les autres, savoir le premier, en fer laminé, de $1^m,32$ de diamètre sur $18^m,17$ de longueur.

Le second, en fer laminé, de $0^m,27$ de diamètre, sur $20^m,04$ de longueur, allant à la profondeur de $33^m,78$.

Le troisième, en fonte, de $0^m,08$ de diamètre; les bouts, filetés, sont assemblés avec viroles en cuivre taraudées intérieurement, pour que le fer ne fasse pas d'adhérence, et qu'on puisse les démonter au besoin en tout temps. Ces tubes, de $57^m,17$, descendent à la profondeur de $59^m,28$.

Le quatrième tube est en fer laminé, de $0^m,11$ de diamètre, et $6^m,50$ de longueur; il descend à la profondeur de $69^m,19$.

Enfin le cinquième tube est en fer laminé, de $0^m,08$ de diamètre sur $3^m,90$ de longueur; il descend à $72^m,11$ au dessous des sables gris verts et des lignites.

Ainsi disposé, ce puisard, d'après les expériences qui ont été faites le 1er et le 9 juillet, absorbe 120,000 lit. d'eaux vannes ou d'urines des bassins de la nouvelle voirie en vingt-quatre heures, et les fait perdre au dessous de toutes les nappes d'eau des puits du pays; savoir : 1° depuis la profondeur de $40^m,93$ jusqu'à $47^m,66$ au dessous des marnes noires hydrosulfureuses, dans les calcaires et plaquettes siliceuses qui recouvrent le calcaire grossier marin; et 2° depuis $65^m,51$ jusqu'à $74^m,71$ dans les sables et graviers de rivière, inférieurs à la formation des argiles plastiques et des lignites, ainsi et par conséquent au dessous de tous les bancs aquifères à eaux jaillissantes.

Il est difficile d'avoir un succès plus complet que celui que M. *Mullot* a obtenu dans le forage qu'il a fait à la nouvelle voirie de Bondy, puisqu'il est parvenu à faire perdre, en vingt-quatre heures, par ce seul puisard, les 1,200,000 litres d'eau des bassins de cette voirie.

On pourra peut-être encore objecter que ce puisard ne remplit pas entièrement les conditions exigées, puisqu'une partie des eaux de la voirie se perd de 40^m,93 à 47^m,66 dans les plaquettes des calcaires siliceux, au dessus du calcaire grossier, et qu'ainsi il est à craindre qu'il ne s'établisse quelque communication avec les grandes nappes d'eau qui se trouvent dans les sables des argiles plastiques.

A cet égard, je répondrai : 1° que les argiles plastiques sont tellement compactes, que je ne pense pas qu'il puisse s'établir aucune infiltration des eaux ou des urines de la voirie dans les sables aquifères qui se trouvent entre leurs bancs; 2° que d'ailleurs ces infiltrations sont impossibles par le fait des tubes qui ont été enfoncés dans ces argiles, pour empêcher leurs nappes d'eau de remonter dans le puisard, opération qui a si bien réussi que, loin de recevoir des eaux de ces nappes, il absorbe, au contraire, toutes celles du bassin de la voirie; et 3° que, comme je l'ai dit en commençant, la quantité des eaux à perdre, fût-elle de 2 et même 300,000 mètres, serait encore si faible en comparaison de celle que peuvent fournir les grandes nappes d'eau qui alimentent nos puits jaillissans, qu'il n'y aurait aucun inconvénient à craindre, lorsqu'il viendrait à s'établir quelques infiltrations par suite de défectuosités dans le tubage.

Dans cet état de choses, je pense : 1° que toutes les difficultés qui se présentaient dans l'établissement de la nouvelle voirie, dans la forêt de Bondy, sont vaincues et surmontées;

2°. Qu'à l'aide de puisards plus profonds, l'entrepreneur pourra même en perdre toutes les eaux, s'il lui donne un jour plus de développement, la craie inférieure aux sables et graviers des lignites présentant, dans son épaisseur de plus de 300 mètres, un terrain perméable capable d'absorber toutes les eaux du pays;

3°. Et que si l'autorité pouvait encore concevoir quelques craintes sur l'effet des infiltrations des urines dans les nappes d'eau souterraines, craintes qui, dans mon opinion, ne sont point fondées, elle pourra exiger que l'absorption des eaux de la voirie se fasse entièrement par le fond des puisards, qui devront alors être hermétiquement tubés dans toute leur hauteur, de manière que toutes les eaux se perdent dans les bancs de sable, de graviers, cailloux et galets inférieurs aux lignites, sous les argiles plastiques et supérieures à la grande masse de craie.

Enfin, et en me résumant, je crois pouvoir dire que les résultats obtenus par M. *Mullot,* dans le forage du puisard de la féculerie de Villetanneuse, et plus particulièrement dans celui de la nouvelle voirie de Bondy, sont d'une haute importance, soit pour la salubrité publique, soit pour nos fabriques et manufactures ; aussi M. le directeur général des ponts et chaussées et des mines, après avoir pris connaissance de ces résultats, a-t-il nommé une commission spéciale pour lui proposer de faire des percemens de puisards sur les grandes routes des environs de Paris, à l'effet d'en dessécher les cuvettes et les bas côtés, si souvent couverts d'eau une partie de l'année.

D'après ces motifs, j'ai l'honneur de vous proposer, Messieurs, 1° de communiquer cette notice à M. le ministre du commerce et de l'agriculture, en lui demandant, dans l'intérêt de nos fabriques et manufactures, de lui donner la plus grande publicité ;

Et 2° de décerner, en séance publique, une médaille d'or, à l'effigie d'*Olivier de Serres*, à M. *Mullot,* me basant, à cet égard, sur votre programme du 30 mars 1830, relatif aux prix proposés pour l'établissement des puisards artificiels ou boit-tout, percés à l'aide de la sonde du fontainier.

IMPRIMERIE DE Mᵐᵉ HUZARD (ᴺᴱᴱ VALLAT LA CHAPELLE), RUE DE L'ÉPERON, N° 7.

www.ingramcontent.com/pod-product-compliance
Lightning Source LLC
Chambersburg PA
CBHW050457210326
41520CB00019B/6252